Bibliografische Information der Deutschen Nationalbibliothek:

Die Deutsche Bibliothek verzeichnet diese Publikation in der Deutschen National-
bibliografie; detaillierte bibliografische Daten sind im Internet über http://dnb.d-
nb.de/ abrufbar.

Impressum:

Copyright © 2011 GRIN Verlag, Open Publishing GmbH
Druck und Bindung: Books on Demand GmbH, Norderstedt Germany
ISBN: 9783668249998

Dieses Buch bei GRIN:

http://www.grin.com/de/e-book/335094/der-schleimpilz-ein-intelligentes-lebewesen-
unter-der-vielfalt-der-pflanzen

Jennifer Ettner

Der Schleimpilz. Ein intelligentes Lebewesen unter der Vielfalt der Pflanzen

GRIN Verlag

Seminararbeit

im W-Seminar Biologie
„Bedeutung der Pflanzenvielfalt (Biodiversität)"

Der Schleimpilz
-
ein intelligentes Lebewesen unter der Vielfalt der Pflanzen

von

Jennifer Andrea Ettner

Abgabetermin: 08. November 2011

Inhaltsverzeichnis

1. Einleitung / Vorwort

"Der unermesslich reichen, stets sich erneuernden Natur gegenüber wird der Mensch, soweit er auch in der wissenschaftlichen Erkenntnis fortgeschritten sein mag, immer das sich wundernde Kind bleiben und muss sich stets auf neue Überraschungen gefasst machen."

Diese Worte des Physikers Max Planck* waren einem japanischen Forscherteam im Januar 2010 wohl so präsent wie noch nie. Es war ihm gelungen, eine Amöbe* dazu zu bringen, eines der komplexesten Systeme überhaupt nachzubilden: Das Bahnnetz einer Großstadt. Der Einzeller* hatte die Aufgabe glänzend gelöst. Er bildete das gesamte Verkehrsnetz rund um Tokio mithilfe seines eigenen Körpers maßstabsgetreu nach. Dabei übertraf der Protist* mit kürzeren, effizienteren und – im Gegensatz zum Original – ausfallsichereren Verbindungen sogar die japanischen Ingenieure.

Besagter Organismus ist wohl einer der wundersamsten und rätselhaftesten Einzeller überhaupt: Der Schleimpilz. Der Myxomycet (gr. „Schleimpilz") ist noch weitestgehend unerforscht. Diese Tatsache könnte sich aber bald ändern, da der Versuch des japanischen Forscherteams den Schleimpilz in den Fokus der Wissenschaft rückte. Es stellt sich die Frage, wie es einem Lebewesen ohne Gehirn und ohne höhere Sinnesorgane gelingen konnte, ein hochmathematisches Problem binnen Stunden zu lösen. Kann ein Schleimpilz, der nur aus einer einzigen Zelle besteht, einen Menschen mit etwa 100 Billionen Zellen in Sachen Verkehrsplanung übertreffen?

Eine höchst beängstigende Vorstellung. Andererseits stellt sich die Frage, wo das Talent des Myxomyceten hilfreich sein könnte. Das Forscherteam aus Japan will mithilfe des Schleimpilzes nicht nur Bahn-, sondern auch Strom-, Telefon- und Computernetze überarbeiten. Doch bis es soweit ist, werden wohl noch einige Jahre der Erforschung des Einzellers vergehen.[1]

In dieser Seminararbeit wird unter Berücksichtigung des aktuellen Standes der Wissenschaft das Lebewesen Schleimpilz genauer betrachtet und sein Verhalten mithilfe selbst durchgeführter Versuche erläutert. Besonderes Augenmerk wird hierbei auf die rätselhafte Form von Intelligenz gerichtet, die es dem Schleimpilz ermöglicht, ein Verkehrsnetz zu planen.

---

[1] Vgl. PM Magazin (Hans-Hermann Sprado 07/2010), S. 84-89

2. Physarum Polycephalum

2.1 Allgemeines

Schleimpilze sind einzellige Lebewesen, die in einer ihrer vier Entwicklungsstadien als zellwandlose*, amöboid bewegliche Plasmamassen* auftreten. Solch eine Plasmamasse kann mehrere Millionen Zellkerne* enthalten und einige Quadratmeter groß werden. Damit sind Schleimpilze die größten lebenden Zellen weltweit.[2] Ähnlich den Pilzen durchlaufen Schleimpilze in ihrem Leben eine Reihe von Entwicklungsstadien, trotzdem gilt ihre Zuordnung zum Reich der Pilze als veraltet.[3]

Obwohl Myxomyceten noch sehr unerforscht sind, existieren sie seit etwa 700 Millionen Jahren in nahezu jeder Klimazone der Erde. Unter den mittlerweile über 1000 bekannten Arten sind sogar nivicole* zu finden. Die Entstehung der Schleimpilze ist dahingegen ungewiss. Kein anderes Lebewesen besitzt einzelne Zellen mit einer solchen Vielzahl an Zellkernen. Eine Theorie führt das Zustandekommen der Schleimpilze auf eine einzige Zelle zurück, welche sich durch ständige Kernteilung ohne Ausbildung einer Zellmembran* oder –wand zum Myxomyceten weiterentwickelte. Eine weitere Theorie besagt, dass sich mehrere Einzeller unter Auflösung ihrer Membranen verbunden und so einen Ur-Myxomyceten gebildet haben könnten.[4]

In der gemäßigten Zone leben die lichtscheuen und feuchtigkeitsliebenden Schleimpilze bevorzugt im Wald auf Laub, Totholz oder dem Waldboden. Dort ernähren sie sich von allen Arten von nährstoffreichem Futter, beispielsweise von anderen Mikroorganismen, Bakterien oder Pilzen.[5] Ausschließlich zur Fortpflanzung begeben sich die Einzeller ans Licht und ins Trockene. Die phänotypisch*auffallenden Farben in stechenden Gelb-, Orange- oder Rottönen, wegen welchen die Schleimpilze in der Vergangenheit oft ge-

---

[2] Vgl. „Kompaktlexikon der Biologie 3 Rept bis Z" (Spektrum Akademischer Verlag 2002), S.68
[3] Vgl. „Brock Mikrobiologie" (Pearson Studium 2009), S. 526
[4] Vgl. „Wolfsblut und Lohblüte – Lebensformen zwischen Tier und Pflanze", Wolfgang Nowotny (Biologiezentrum des oö. Landesmuseums 2000), S. 11
[5] Vgl. http://www.planet-wissen.de/natur_technik/mikroorganismen/schleimpilze/index.jsp (Stand: 11.06.2011)

fürchtet und als „Drachendreck" bezeichnet wurden, dienen heutigen Experten zufolge nur als Abschreckung von Fressfeinden.[6]

In dieser Seminararbeit wird stellvertretend für alle Schleimpilze mit Physarum Polycephalum gearbeitet, da diese Art als einfach zu halten und sehr experimentierfreudig gilt. Physarum Polycephalum (lat. „Der Vielköpfige") gehört der Gattung Physarum aus der Familie Physaraceae und der Ordnung Physarales an. Die Art ist in und auf deutschen Waldböden heimisch und hat im Plasmodienstadium eine stechend gelbe phänotypische Ausprägung.[7]

Problematisch bei der Quellensuche für diese Arbeit erwies sich der Mangel an deutscher Fachliteratur über Myxomyceten. Der Schleimpilz scheint vor allem in Deutschland noch sehr unbekannt zu sein. Daher wird um Verständnis gebeten, wenn viele Informationen dem Internet entnommen sind.

2.2 Reichsspezifische Zuordnung

Die Zuordnung des Schleimpilzes zu einem Reich ist seit dessen Entdeckung umstritten. Kein bekanntes Lebewesen ist mit der vielkernigen Plasmamasse eines Myxomyceten im Plasmodienstadium vergleichbar.

Deutlich wird die Ungewissheit über die Verwandtschaft zu anderen Lebensformen bereits durch die vielen, sich stets nicht verfestigten Bezeichnungen für Myxomyceten. So ist der Terminus „Schleimpilz" oder „Myxomycet" nur aus Gründen der Tradition berechtigt. Denn die Abstammung des klassischen Schleimpilzes von einer sogenannten „Schleimpilzgruppe" wie den Plasmodiomorphales (parasitische Schleimpilze) oder den Labyrithuales (Netzschleimpilze) ist nach heutigem Wissensstand auszuschließen. Die Bezeichnung ist also wissenschaftlich gesehen falsch. Bedeutende Naturwissenschaftler wie Anton de Bary*, Józef Rostafinski* und Arthur Lister* verwendeten deshalb den Terminus „Mycetozoa" (Pilztiere), welcher sich allerdings nicht durchsetzen konnte. Den aktuellsten Vorschlag zur Namensgebung steuerte Dr. Lothar Krieglsteiner* mit seinem

---

[6] Vgl. http://www.schleimpilz-liz.de/index.php?option=com_content&view=category&id=4&Item id= 16&lang=de (Stand. 02.08.2011)
[7] Vgl. http://www.schleimpilz-liz.de/index.php?option=com_content&view=category&id=9&Item id=12&lang=de (Stand: 01.04.2011)

Begriff „Plasmodial-Amöbe" bei. Ob sich dieser fachlich korrekte Ausdruck etablieren wird, ist noch unklar.

Als der Schleimpilz 1654 das erste Mal in der Literatur erwähnt wurde, war seine Zuordnung zum Reich der Pilze allgemein anerkannt. Erst 1729 widersprach Pier Antonio Micheli* dieser Festlegung und sah den Myxomyceten als separate, mit den Pilzen nicht vergleichbare Organismengruppe. De Bary stellte die Schleimpilze als „Mycetozoa" 1864 zum Tierreich, was einzelne Wissenschaftler bis zur Mitte des 20. Jahrhunderts unterstützten. Jedoch entstand bereits 1932 eine weitere Strömung, welche den Schleimpilz wieder dem Reich der Pilze zuordnen wollte. Aktuelle Forschungen belegen außerdem pflanzliche Eigenschaften wie beispielsweise die Möglichkeit zur osmotrophischen* Ernährung in flüssigen Medien. Weiterhin kann eine Abstammung von Protozoen* nicht ausgeschlossen werden, was beispielsweise die zoologische Arbeit von Rüdiger Wehner* und Walter Gehring* von 1990 belegt.[8]

Da der Myxomycet sowohl Übereinstimmungen als auch Differenzen mit Pflanzen, Tieren, Pilzen und allen Arten von Einzellern aufweist, kann er keinem dieser Reiche eindeutig zugeordnet werden. In dieser Seminararbeit wird das Mischwesen Schleimpilz aber als Pflanze betrachtet, da speziell auf die pflanzlichen Eigenschaften des Einzellers Wert gelegt wird.

2.3 Erzeugung eines künstlichen Lebensraumes

Um das Verhalten von Physarum Polycephalum gut nachvollziehen und eigene Versuche durchführen zu können, ist es nötig, sich den Schleimpilz als eine Art Haustier zu halten. Der natürliche Lebensraum des Einzellers ist zwar der Waldboden in der gemäßigten Zone, allerdings reagiert ein Schleimpilz auf veränderte Umweltbedingungen nicht besonders empfindlich. Deshalb ist es möglich, diese mit einfachen Mitteln nachzubilden, und so ein artgerechtes Heim für die Amöbe zu schaffen.

Anstatt auf dem feuchten Waldboden fühlt Physarum Polycephalum sich auch in einem Einmachglas oder einer Petrischale wohl. Um ständige Feuchtigkeit zu ermöglichen wird der Boden mit wasserdurchtränktem Filterpapier ausgelegt. Das Aufbewahrungsgefäß

---

[8] Vgl. „Wolfsblut und Lohblüte – Lebensformen zwischen Tier und Pflanze", Wolfgang Nowotny (Biologiezentrum des oö. Landesmuseums 2000), S. 8-9

sollte tagsüber in einem Schuhkarton aufbewahrt werden, um den lichtscheuen Schleimpilz vor Austrocknung zu schützen. Den Ersatz für Pilze oder anderes nährstoffreiches Futter stellen Haferflocken oder Zucker dar. Utensilien, wie beispielsweise Handschuhe oder Besteck, die den Umgang mit dem Schleimpilz erleichtern sollen, müssen stets steril gehalten werden. Ebenso sollte alles andere, das mit der Amöbe in Berührung kommt, einschließlich des Futters, möglichst keimfrei sein. Ansonsten könnte schnell ein Schimmelpilz entstehen, welcher ein natürlicher Fressfeind des Schleimpilzes ist. Die einfachste Möglichkeit die benötigten Gegenstände zu Sterilisieren ist die zehnminütige Erwärmung im Backofen bei 115°C.[9]

Abb.1: Eine Petrischale eignet sich hervorragend als Aufbewahrungsgefäß für einen Schleimpilz

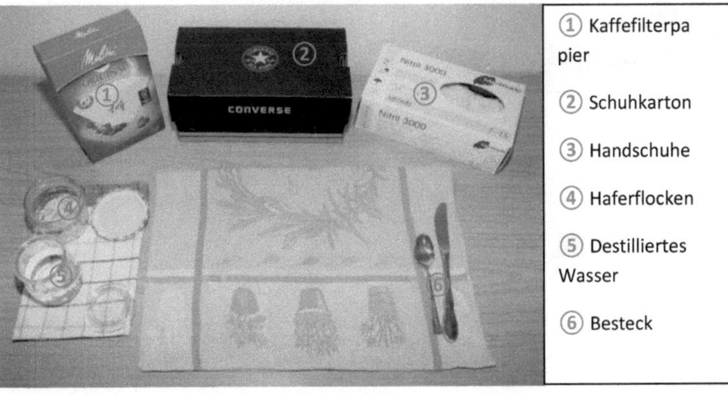

Abb.2: Arbeitsplatz für einen artgerechten Umgang mit Physarum Polycephalum

---

[9] Vgl. http://www.schleimpilz-liz.de/index.php?option=com_content&view=category&id=11&Itemid=22&lang=de (Stand: 12.03.2011)

Erst wenn diese Nachbildung des natürlichen Lebensraumes für den Schleimpilz bereitsteht, sollte man sich die Frage stellen, wie man sich ein Exemplar beschaffen kann. Generell gibt es hierfür drei Möglichkeiten. Die Erste ist im ursprünglichen Lebensraum, also dem Wald, nach einem Schleimpilz zu suchen. Problematisch ist hierbei, dass es für das ungeübte Auge äußerst schwierig ist, einen Schleimpilz auszumachen, zumal sich der Großteil des Schleimpilzlebens unter der Erdoberfläche abspielt. Weitere Nachteile sind die Ungewissheit über mögliche Krankheiten der Amöbe sowie die Unkenntnis darüber, welche Art man gefunden hat. Die zweite Möglichkeit ist jemanden zu fragen, der schon im Besitz eines Schleimpilzes ist. Da dies aber wohl nur selten der Fall ist, empfiehlt sich die dritte Möglichkeit: Die Bestellung im Internet. Auf deutschen Internetseiten wird man allerdings vergeblich suchen: Der Schleimpilz ist hier noch zu unbekannt. Es ist allerdings möglich, einen Schleimpilz im Ausland zu bestellen. Ein Beispiel hierfür ist der amerikanische Versandservice carolina.com, der Physarum Polycephalum für $11.90 (Stand: 24. 01. 2011) anbietet. Nachteilhaft hierbei sind die hohen Kosten der Verschiffung von $25.00 sowie die lange Wartezeit von etwa einem Monat.

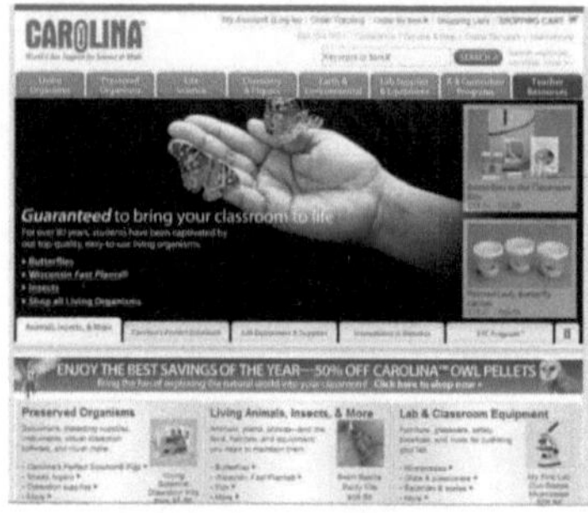

Abb. 3: Die Seite carolina.com

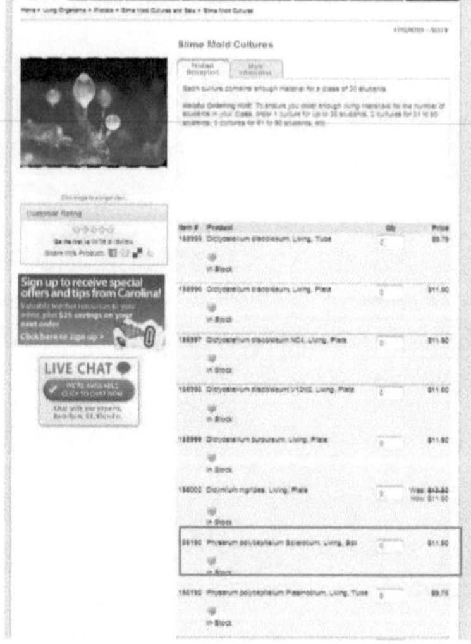

Abb. 4: Schleimpilze findet man unter →Living Organisms → Protists → Slime Mold Cultures and Sets (rot markiert: Physarum Polycephalum)

Die anschließende Handhabung von Physarum Polycephalum erweist sich allerdings als sehr simpel. Es sollte ausschließlich darauf geachtet werden, dass der Schleimpilz immer genügend befeuchtet ist und er sollte nur gefüttert werden, wenn das gesamte vorherige Futter bereits vom Einzeller umschlossen ist.

Im Rahmen dieser Seminararbeit wird ein Exemplar von Physarum Polycephalum nach den oben beschriebenen Rahmenbedingungen gehalten. Der Schleimpilz befindet sich während der gesamten Haltung und allen Versuchen in einem abgedunkelten Raum, welcher durch Raumtemperatur, normalen Druck, normale Luftfeuchtigkeit und windstille gekennzeichnet ist. Zwar sind alle Utensilien relativ steril, trotzdem ist die Umgebung des Schleimpilzes nicht restlos keimfrei. Die vorliegenden Bedingungen sind weder Labor- noch Naturbedingungen, und werden in dieser Arbeit als „gegebene Bedingungen" bezeichnet.

3. Entwicklungszyklus

Im Laufe seines Lebens durchläuft ein Schleimpilz eine Reihe von Entwicklungsstadien, die sich artenspezifisch stark unterscheiden. Im Folgenden werden die vier verschiedenen Lebensstadien und die Möglichkeiten für einen natürlichen Tod von Physarum Polycephalum eingehender erläutert. Dabei werden auch die verschiedenen Überdauerungsformen näher betrachtet.

3.1 Sporen

Die etwa 10µm großen, ungeschlechtlich erzeugten Sporen von Physarum Polycephalum werden meist durch Wind oder Insekten verbreitet. Sie enthalten einen halben Chromosomensatz, sind also haploid*. In dieser Form kann das Erbgut des Schleimpilzes lange überdauern.[10] Der Rekord liegt bei einer noch nach 75 Jahren im Labor erzeugten fruchtbaren Spore.

Hat eine Spore länger Kontakt zu Feuchtigkeit und die richtige Temperatur, so beginnt sie zu keimen und platzt auf. Ob auch Osmose* oder Enzyme als Erreger der Sporenkeimung von Bedeutung sind, ist noch ungeklärt. Heraus schlüpfen bis zu vier haploide Schleimpilze in ihrem nächsten Lebensstadium: als Myxamöben.[11]

3.2 Myxamöben

Eine Myxamöbe ist eine Plasmamasse*, die einen Zellkern* enthält und von einer dünnen Zellmembran* umgeben ist. Die Myxamöbe ist – wie der Name bereits andeutet – vergleichbar mit einer haploiden Amöbe. Diese kann sich selbstständig bewegen und durch das Prinzip der Phagozytose Nahrung aufnehmen.[12] Dabei verflüssigt sich dass Zellplasma der Myxamöbe an der entsprechenden Stelle und kann so Nahrungspartikel

---

[10] Vgl. http://www.schleimpilz-liz.de/index.php?option=com_content&view=category&id=2&Itemid=18&lang=de (Stand: 19.07.2011)
[11] Vgl. Wolfsblut und Lohblüte – Lebensformen zwischen Tier und Pflanze, Wolfgang Nowotny (Biologiezentrum des oö. Landesmuseums 2000), S. 9
[12] Vgl. Brock Mikrobiologie (Pearson Studium Verlag 2009), S.526

umfließen, sie in einer Nahrungsvakuole einschließen und verdauen. Gegenteilig können Unverdauliches und Fremdkörper durch das Prinzip der Exozytose wieder ausgeschieden werden.

Ist eine Myxamöbe von sehr viel Feuchtigkeit umgeben, so bildet sie zwei Geißeln aus und wird somit zum Myxoflagellat. Die Geißeln benutzt dieser sowohl zur Fortbewegung im Wasser als auch zur Nahrungsaufnahme. Schwindet die Flüssigkeit, so kann der Myxoflagellat sich wieder zur Myxamöbe zurückbilden. Trocknet die Umgebung komplett aus, so kann die Myxamöbe in das Mikrozystenstadium übergehen. Dabei bildet der Einzeller eine schützende Kapsel und kann sich in dieser einige Wochen zurückziehen.

Erst wenn zwei Gameten (Myxamöben oder Myxoflagellaten) miteinander verschmelzen kann wieder ein diploides* Lebewesen entstehen.[13] Dieser Vorgang nennt sich Gametogamie und ist mit der sexuellen Fortpflanzung vergleichbar. Er lässt sich in die Verschmelzung der Zellplasmen (Plasmogamie) und die Fusion* der Zellkerne (Karyogamie) einteilen. Der so entstandene, diploide Zellkern teilt sich nun mehrmals, ohne dass dabei die Zelle geteilt wird. So entsteht unter ständiger Nahrungsaufnahme ein junges Plasmodium. Dieser Vorgang kann mehrere Monate in Anspruch nehmen.[14]

3.3 Plasmodium

„Viele bis unzählige Zellkerne, die sich zudem synchron teilen, in einer einzigen, sich fortbewegenden, durch Nahrungsaufnahme ständig wachsenden ‚Riesenzelle'."[15], so beschreibt Wolfgang Nowotny* das plasmodiale Lebensstadium von Schleimpilzen in einem Satz.

Diese Art von Leben ist sowohl in der Tier- als auch in der Pflanzenwelt nahezu einzigartig und kaum erforscht. Bekannt ist, dass sich Schleimpilzplasmodien von Bakterien, Protozoen, Algen, höheren Pilzen wie beispielsweise Gelbstieligen Seitlingen und ähnli-

---

[13] Ebd. S.527

[14] Vgl. http://www.schleimpilz-liz.de/index.php?option=com_content&view=category&id=3&Itemid =15&lang=de (Stand: 01.08.2011)

[15] Wolfsblut und Lohblüte – Lebensformen zwischen Tier und Pflanze, Wolfgang Nowotny (Biologiezentrum des oö. Landesmuseums 2000), S. 14

chem organischem Material nach dem Prinzip der Phagozytose (→ 3.2 Myxamöben) ernähren. Aufgrund ihrer spezifischen Größe, Färbung und Lebensweise lassen sich drei charakteristische Ordnungen von Plasmodien unterscheiden: Phaneroplasmodien, Aphanoplasmodien und Protoplasmodien. Physarum Polycephalum ist eindeutig der Ordnung der Phaneroplasmodien zuzuordnen. Diese ist charakteristisch für ihre auffallende Färbung in Weiß-, Gelb- oder Orangetönen und eine aderig-netzige Struktur (vgl. Abb.5). Die Art der Fortbewegung ist in allen drei Ordnungen gleich und wird durch das Cytoskelett* ermöglicht. Dabei kontrahiert dieses lokal und erzeugt an der entsprechenden Stelle einen Druck im Cytoplasma*, ein sogenanntes Scheinfüßchen. Das restliche Cytoplasma fließt entlang des Druckgefälles in das Scheinfüßchen und bewegt so die gesamte Zelle in Bewegungsrichtung. Im Gegensatz zu Plasmaströmungen von Pflanzenzellen, welche Geschwindigkeiten von 2-78 µm/sec erreichen, wurden bei Plasmodien von Myxomyceten bereits Strömungsgeschwindigkeiten von bis zu 1000 µm/sec gemessen. Weiterhin erfolgt bei allen drei Ordnungen eine synchrone Kernteilung. Wie dieser Mechanismus gesteuert wird, ist bis heute ungeklärt.[16]

Verändern sich die Umweltbedingungen für den Schleimpilz nachteilhaft, beispielsweise durch Trockenheit, zu hohe oder zu niedrige Temperatur, Nahrungsmangel, zu geringen oder zu hohen PH-Wert, zu hohen osmotischen Druck oder Einwirkung durch Schwermetalle, so reagieren alle drei Typen unterschiedlich. Phaneroplasmodien verhärten sich hornartig und gehen in das Ruhestadium des Sklerotiums über (siehe Abb.6). [17] Einige Arten der Pysarales können so den Winter überdauern.[18]

---

[16] Vgl. Wolfsblut und Lohblüte – Lebensformen zwischen Tier und Pflanze, Wolfgang Nowotny (Biologiezentrum des oö. Landesmuseums 2000), S. 15
[17] Vgl. ebd. S. 14-16
[18] Vgl. 3sat – „Als wären sie nicht von dieser Welt" (21.08.2008, 20:15 Uhr)

Abb.5: Kennzeichen eines Phaneroplasmodiums: Die stechend gelbe phänotypische Ausprägung und eine aderig-netzige Struktur (hier: Physarum Polycephalum)

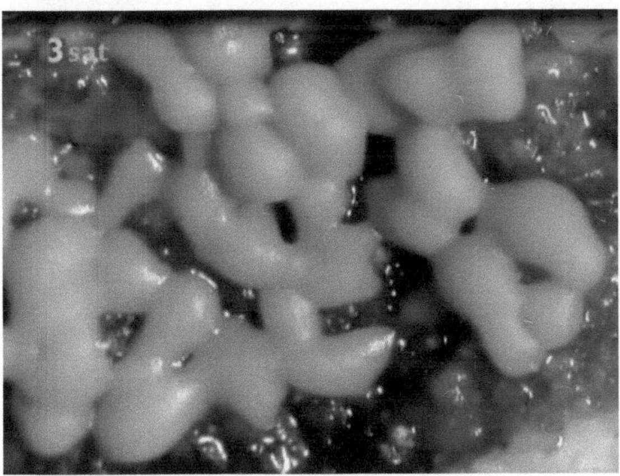

Abb.6: Physarum Polycephalum im Sklerotienstadium

3.3.1   Fortbewegungsgeschwindigkeit

Die Geschwindigkeit, mit der Physarum Polycephalum sich im Plasmodienstadium fort-bewegt, beträgt verschiedensten Quellen zufolge rund einen Zentimeter pro Stunde.[19] Da zu diesem Wert keine genaueren Angaben gemacht wurden, scheint es sinnvoll, die Geschwindigkeit unter den gegebenen Bedingungen selbst nachzumessen und so besse-re Aussagen über das Verhalten in späteren Versuchen treffen zu können.

Hierfür wird ein seit zwei Tagen nicht mehr gefütterter Schleimpilz in eine mit Millime-terpapier ausgelegte Petrischale gesetzt. Auf der zehn Zentimeter langen Messstrecke werden in regelmäßigen Abständen Haferflocken als Lockmittel positioniert (siehe Abb.7).

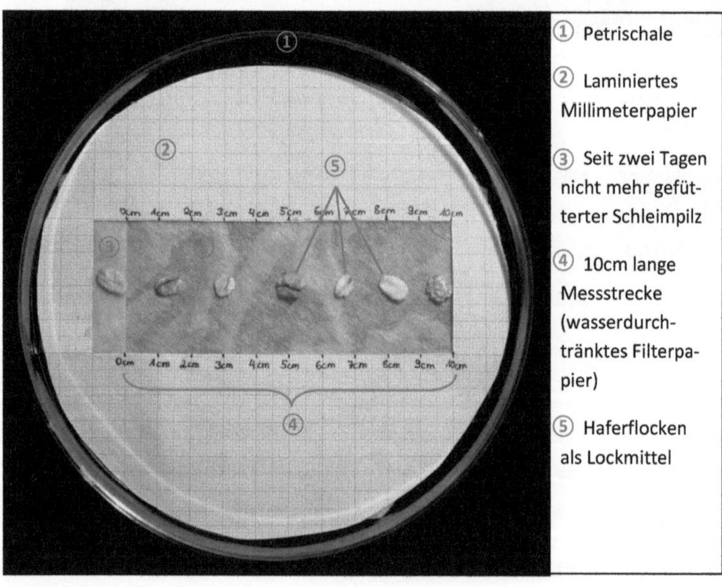

Abb.7: Versuchsaufbau zur Geschwindigkeitsbestimmung

---

[19] Vgl. http://www.schleimpilz-liz.de/index.php?option=com_content&view=category&id=4&Itemid= 16 & lang=de (Stand: 02.08.2011)
http://www.zeit.de/zeit-wissen/2007/01/Schleimpilze/seite-3 (Stand: 02.08.2011)
http://www.br-online.de/bildung/databrd/my01.htm/ (Stand: 02.08.2011)

Nun wird alle 30 Minuten ein Foto geschossen und die zurückgelegte Strecke notiert (siehe Abb.8.1 und 8.2).

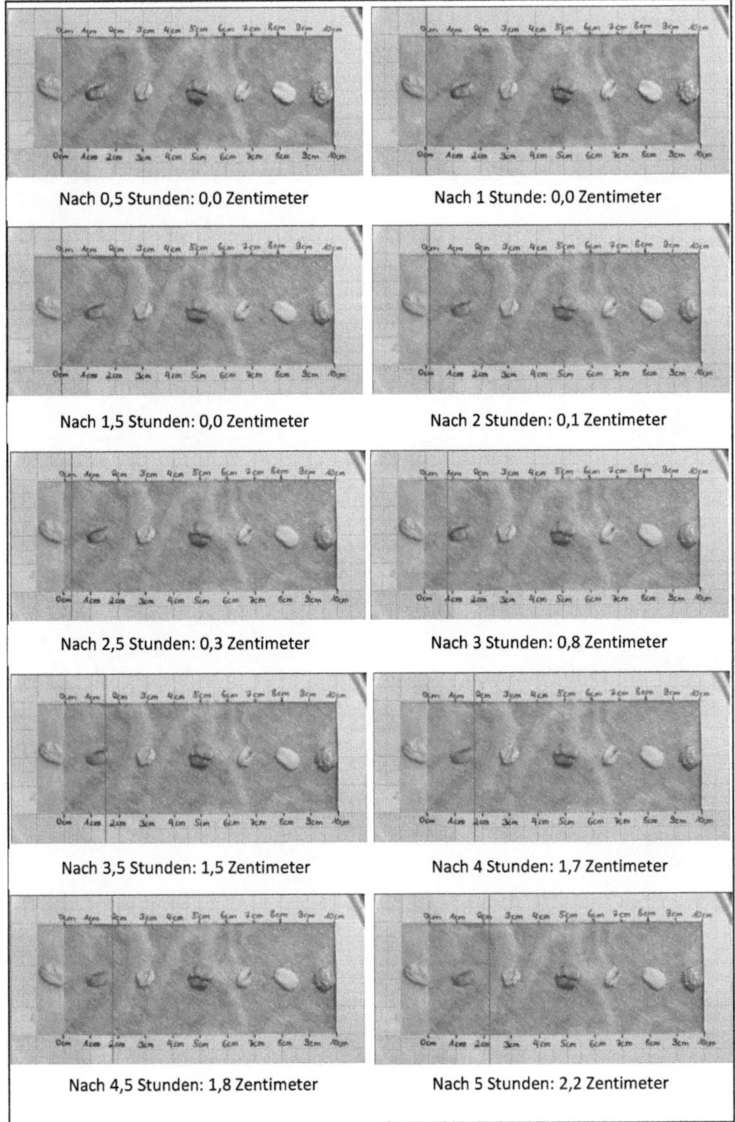

Abb.8.1: Aufnahmen des Versuchs in 30-minütigem Abstand (rot markiert: maximaler Abstand zur Startposition)

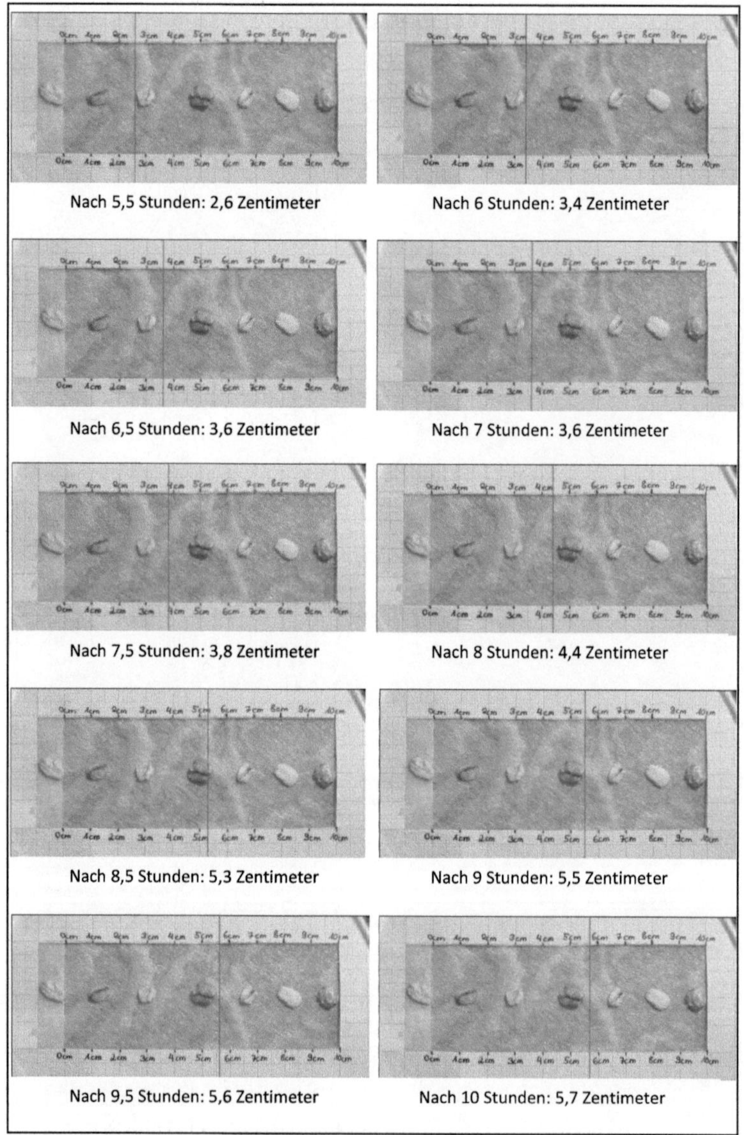

Nach 5,5 Stunden: 2,6 Zentimeter

Nach 6 Stunden: 3,4 Zentimeter

Nach 6,5 Stunden: 3,6 Zentimeter

Nach 7 Stunden: 3,6 Zentimeter

Nach 7,5 Stunden: 3,8 Zentimeter

Nach 8 Stunden: 4,4 Zentimeter

Nach 8,5 Stunden: 5,3 Zentimeter

Nach 9 Stunden: 5,5 Zentimeter

Nach 9,5 Stunden: 5,6 Zentimeter

Nach 10 Stunden: 5,7 Zentimeter

Abb.8.2: Aufnahmen des Versuchs in 30-minütigem Abstand (rot markiert: maximaler Abstand zur Startposition)

Es fällt auf, dass der Schleimpilz sich nicht gleichmäßig bewegt. Die Darstellung als Graph verdeutlicht die Unregelmäßigkeit (siehe Abb. 9).

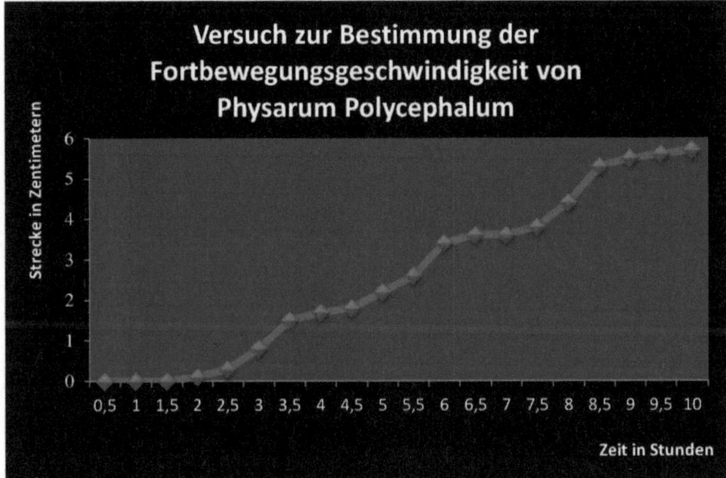

Abb. 9: Graphische Darstellung der ermittelten Werte

Die ersten zwei Stunden scheint Physarum Polycephalum sich kaum zu bewegen. Allem Anschein nach benötigt er diese Zeit um sich zu orientieren und sich an die neue Umgebung zu gewöhnen. Diese „Gewöhnungsphase" ausgenommen errechnet sich die durchschnittliche Geschwindigkeit wie folgt:

$$\Delta v = \frac{\Delta Strecke}{\Delta Zeit} = \frac{5{,}7cm - 0{,}1cm}{10h - 2h} = \frac{5{,}6cm}{8h} = 0{,}7\,\frac{cm}{h}$$

Weiterhin bewegt der Einzeller sich nicht kontinuierlich, sondern wird immer wieder schneller und langsamer. Seine minimale Geschwindigkeit hat er zwischen 6,5 und 7 Stunden. Hier bewegt er sich nicht, also mit 0,0 cm/h. Seine maximale Geschwindigkeit erreicht er zwischen 8 und 8,5 Stunden:

$$v_{max} = \frac{Strecke}{Zeit} = \frac{0{,}9cm}{0{,}5h} = 1{,}8\,\frac{cm}{h}$$

Die Fortbewegungsgeschwindigkeit des Schleimpilzes ist also sehr variabel. Durchschnittlich bewegt er sich zwar langsamer als 1 cm/h, temporär kann er diesen Wert aber leicht übertreffen. In den folgenden Versuchen wird von durchschnittlich 0,7 cm/h ausgegangen.

3.3.2   Chemotaxis

Als Chemotaxis oder chemosenorische Wahrnehmung bezeichnet man die Fähigkeit des Schleimpilzes äußere Einflüsse zu registrieren und zu verarbeiten. Man unterscheidet zwischen positiver und negativer Chemotaxis, dem Zu- oder Abwenden eines Reizauslösers. Bemerkbar macht sich diese Fähigkeit des Schleimpilzes bereits beim Züchten. Füttert man ein Plasmodium, so bewegt es sich meist sehr direkt auf die Futterquelle zu.[20] Die Chemotaxis ist also praktisch gesehen der Ersatz für einen Geruchs-, Geschmacks- oder Sehsinn.

Um die chemosenorische Wahrnehmung des Schleimpilzes nachweisen zu können, setzt man ein Stück von Physarum Polycephalum in eine frische Petrischale. Etwas entfernt positioniert man den positiven Reiz: Nahrung in Form von Haferflocken (siehe Abb. 10).

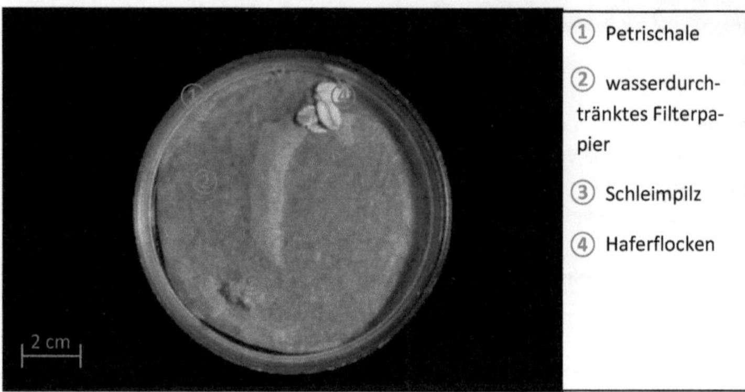

Abb. 10: Versuchsaufbau zur chemosenorischen Wahrnehmung

Nun wartet man einige Stunden, bis Physarum Polycephalum auf den positiven Reizauslöser reagieren konnte. Unter den gegebenen Bedingungen nimmt dieser Vorgang etwa 12 Stunden in Anspruch.

---

[20] Vgl. http://www.schleimpilz-liz.de/index.php?option=com_content&view=category&id=18& Itemid=21&lang=de (Stand:25.06.2011)

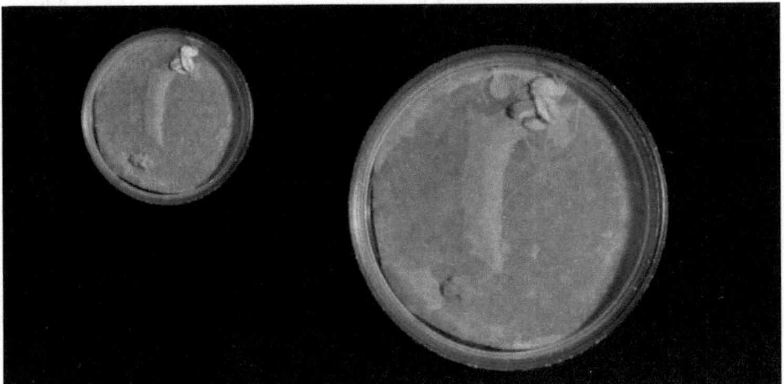

Abb. 11: Die zurückgelegte Strecke im Vorher-Nachher-Vergleich

Beim Betrachten des zurückgelegten Weges wird ersichtlich, dass der Schleimpilz die Futterquelle wahrgenommen hat. Seine Strecke ist zwar nicht die exakt Kürzeste, ist aber dennoch relativ direkt.

Auf eine detailliertere Erklärung der Wahrnehmung und Verarbeitung chemischer Reize wird an dieser Stelle bewusst verzichtet, um nicht zu sehr vom Thema abzukommen. Es ist jedoch festzuhalten, dass Physarum Polycephalum positive Reize – in diesem Fall eine Nahrungsquelle – wahrnehmen und auf diese reagieren kann. Weiterhin fällt auf, dass der Schleimpilz nie seinen gesamten Körper zur neuen Nahrungsquelle bewegt, sondern immer eine Verbindung zum Ausgangspunkt aufrechterhält (vgl. Abb. 8.1, 8.2 und 11).

3.4 Fruktifikation

Hat der Schleimpilz genügend Nährstoffe in sich aufgenommen und eine gewisse Größe erreicht, so ist er am Ende seiner plasmodialen Erscheinungsphase angekommen. Die anschließende Phase, die sich ausschließlich der Fortpflanzung widmet, nennt sich Fruktifikation (lat. „Fruchtbildung"). Um Fruchtkörper, die sogenannten Sporangien, ausbilden zu können, sucht der Schleimpilz bevorzugt helle, trockene Stellen auf. Physarum Polycephalum achtet zudem auf eine exponierte Lage, da seine Sporen hauptsächlich durch Wind verbreitet werden. Die Fruchtkörper unterscheiden sich artenspezifisch sehr stark. Physarum Polycephalum bildet ganze Trauben von Sporangien, sogenannte Äthalien (siehe Abb. 12 und 13) aus.[21] Zum Ende der Fruktifikationsphase befinden sich in jeder Sporangie solch einer Äthalie Millionen haploide Sporen von etwa 10µm Größe. Diese reifen in einem 24-stündigen Prozess, während welchem die Äthalien sich braun verfärben, heran, und können anschließend durch Wind, Insekten oder Regen verbreitet werden. [22]

---

[21] Vgl. „Lexikon der Biologie 9 Lyo bis Nau" (Spektrum Akademischer Verlag Heidelberg 2003) S. 441
[22] Vgl. http://www.schleimpilz-liz.de/index.php?option=com_content&view=category&id=5&Itemid=17 &lang=de (Stand: 03.08.2011)

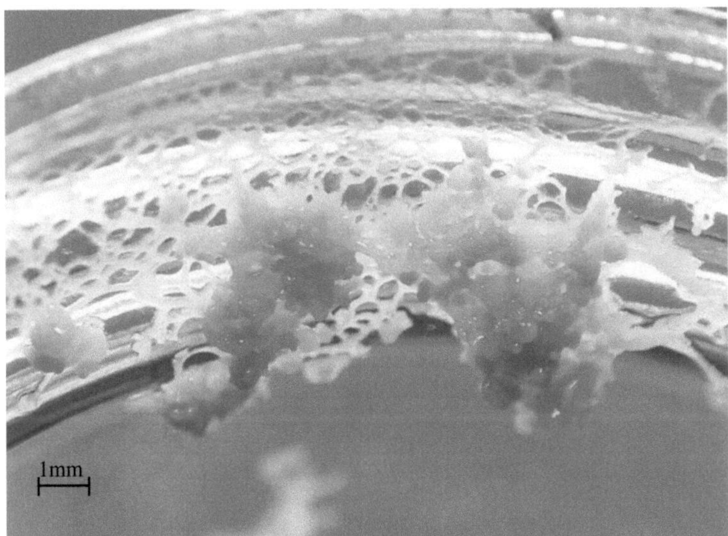

Abb. 12: Äthalien von Physarum Polycephalum vor dem Reifeprozess

Abb. 13: Dieselben Fruchtkörper 24 Stunden später

3.5 Tod

Trotz ihren Überdauerungsformen in nahezu jedem Lebensstadium und ihrer scheinbaren Unzerstörbarkeit aufgrund der vielen Zellkerne können Schleimpilze unter natürlichen Umständen sterben. Die häufigste Ursache für den Tod eines Schleimpilzes ist sein einziger Fressfeind: Der Schimmelpilz. Aufgrund seiner Farbe und Konsistenz im Plasmodienstadium wird der Schleimpilz ansonsten von nahezu keinem Lebewesen als Nahrungsquelle wahrgenommen.

Eine weitere, jedoch kaum vorkommende Gefahr stellen Insekten und Nagetiere im Sklerotienstadium dar. Solange der Schleimpilz nur partiell verzehrt wird, ist dies ungefährlich. Es könnte aber passieren, dass er komplett verspeist wird. Dadurch würde sein Erbgut natürlich verloren gehen.

Zuletzt ist es auch noch möglich, dass große, schwere Regentropfen die Membran des Schleimpilzes zerstören und so das Plasma zerfließen lassen.[23]

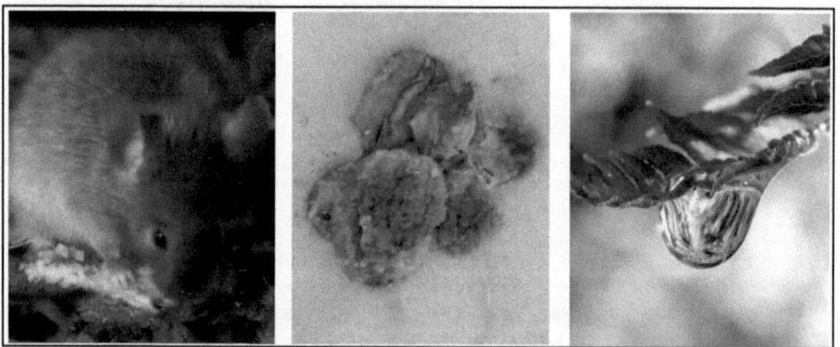

Abb. 14: Die drei natürlichen Todesursachen von Schleimpilzen: Nagetiere oder Insekten im Sklerotienstadium, Schimmelpilze und schwere Regentropfen

---

[23] Vgl. http://www.schleimpilz-liz.de/index.php?option=com_content&view=category&id=6&Itemid=19 &lan=de (Stand: 17.03.2011)

Folgende Skizze veranschaulicht den Lebenszyklus und die unterschiedlichen Überdauerungsformen von Physarum Polycephalum vereinfacht.

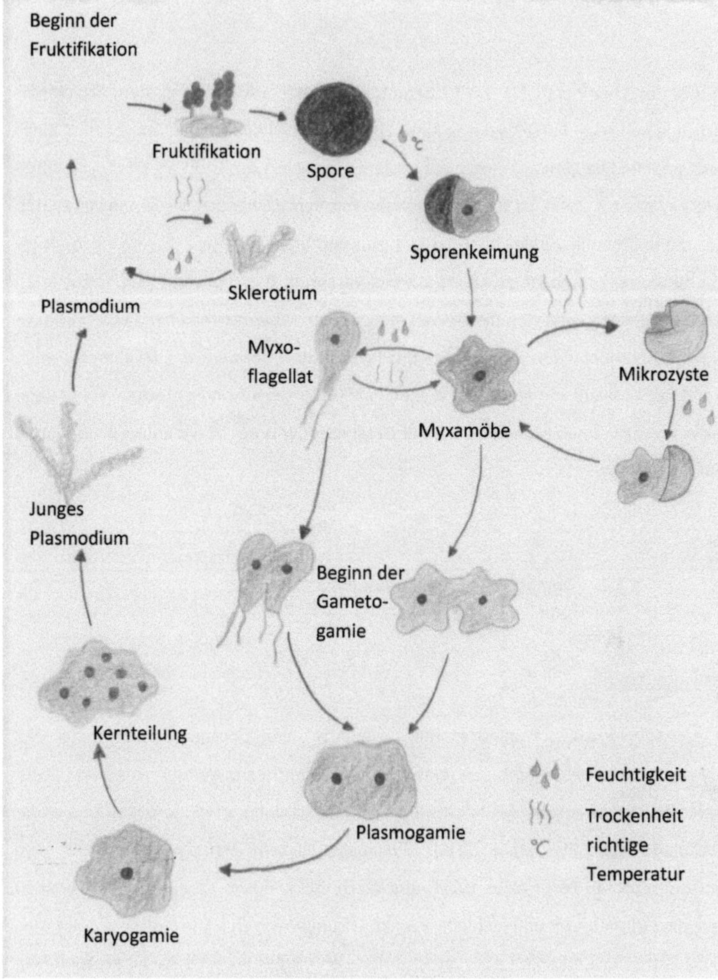

Abb. 15: Skizze des Lebenskreislaufes von Physarum Polycephalum

4. Der Myxomycet und Intelligenz

4.1 Labyrinthversuch

Wie bei der Chemotaxis (→ 3.3.2 Chemotaxis) bereits erklärt, ist es dem Schleimpilz möglich, einen recht kurzen Weg zu einer Futterquelle zu finden. Die Verarbeitung eines Reizes und die Reaktion auf diesen kann allein allerdings noch nicht als pflanzliche Intelligenz gewertet werden, da sie beispielsweise mit dem Zuwenden zur Sonne von Blüten einer Sonnenblume vergleichbar ist. Um also von Intelligenz (wie andere Pflanzen sie nicht aufweisen) sprechen zu können, muss Physarum Polycephalum sein Talent in einem komplexeren Versuch unter Beweis stellen: dem Labyrinthversuch. Hierbei reicht es nicht aus, irgendeinen Weg zur Futterquelle zu finden, sondern der Myxomycet muss unter einer Auswahl von mehreren Wegen den Kürzesten ausfindig machen. Eine Aufgabe, die sogar für einen Menschen nur mit Geschick oder unter Verwendung eines Lineals einfach lösbar ist.

4.1.1   Durchführung des Experiments

<u>Versuchsaufbau:</u>

Für den Labyinthversuch benötigt man zwei Arten von Untergrund. Einen, der den Schleimpilz nicht beeinflusst, und einen Zweiten, den der Schleimpilz meidet. Hierfür empfehlen sich einerseits das bei der Haltung bereits benötigte Filterpapier und andererseits eine glatte Plastikfolie, da der Myxomycet glatten Flächen ausweicht. Nun wird das Filterpapier in Form eines Labyrinths geschnitten, wobei darauf geachtet werden muss, dass es mehrere, unterschiedlich lange Lösungswege gibt. Die Plastikfolie legt man in eine Petrischale, obenauf das zugeschnittene und zuvor befeuchtete Filterpapier (siehe Abb. 16).

Abb. 16: Versuchsaufbau des Labyrinthversuchs

① Petrischale

② Glatte Plastikfolie

③ Filterpapier in Form eines Labyrinths, wasserdurchtränkt

Nun werden ein Startpunkt (**A**) und ein Endpunkt (**B**) festgelegt. Die kürzeste Verbindung dieser zwei Punkte wird mithilfe eines Lineals ermittelt (siehe Abb. 17). Ziel soll nun sein, dass der Schleimpilz diesen Weg ohne fremde Hilfe findet.

Abb. 17: Die Punkte **A** und **B** sowie der Lösungsweg

A Startpunkt

B Endpunkt

Blau markiert: kürzeste Verbindung zwischen **A** und **B**

Durchführung:

Schritt 1: Nun werden Schleimpilzstückchen im gesamten Labyrinth verteilt (siehe Abb. 18).

Abb. 18: Schleimpilzstücke im Labyrinth

Schritt 2: Die einzelnen Schleimpilzstücke sollen sich anschließend wieder zu einem einzigen Organismus, welcher das gesamte Labyrinth umspannt, verbinden (siehe Abb. 19). Bei der vorliegenden Schleimpilzverteilung und dem quadratischen Labyrinth mit 5 cm Seitenlänge nimmt dieser Prozess etwa 4 Stunden in Anspruch.

Abb. 19: Die Schleimpilzstücke verbinden sich binnen 4 Stunden zu einem Organismus

<u>Schritt 3:</u> Da Physarum Polycephalum in allen bisher durchgeführten Versuchen eine Verbindung zwischen verschiedenen Nahrungsquellen aufrechterhielt (vgl. Abb. 8.1, 8.2 und 11), ist das auch in diesem Fall zu erwarten. Daher markiert man die zu verbinden-den Punkte A und B für den Myxomyceten ersichtlich mit Nahrung, in diesem Fall mit Haferflocken (siehe Abb. 20).

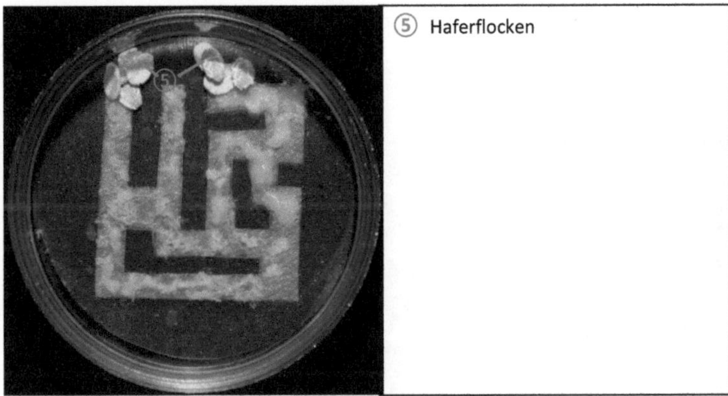

Abb. 20: Ausgangs- und Endpunkt des Labyrinths werden mit Haferflocken markiert

<u>Schritt 4:</u> Anschließend wird abgewartet, bis der Myxomycet alle Umweltfaktoren verar-beiten und auf diese reagieren konnte. Unter den vorliegenden Bedingungen nimmt dieser Prozess etwa 13 Stunden in Anspruch.

<u>Ergebnis:</u>

Abb. 21: Die Reaktion von Physarum Polycephalum nach weiteren 13 Stunden

4.1.2   Auswertung und Deutung des Ergebnisses

Wie zu erwarten hat der Schleimpilz die beiden Futterquellen miteinander verbunden. Nach und nach zog er sich aus allen Umwegen und Sackgassen zurück, bis schließlich nur noch eine Verbindung der beiden Punkte A und B übrig blieb. Der Vergleich mit der Musterlösung ist eindeutig: „Intelligenztest bestanden"[24] (siehe Abb. 22).

Abb. 22: Die Musterlösung und der tatsächliche Weg im Vergleich

4.2 Bahnnetzversuch

Der Labyrinthversuch (→ 4.1 Labyrinthversuch) hat gezeigt, dass Physarum Polycephalum unter einer Auswahl von Wegen den Kürzesten herausfinden kann. Diese Fähigkeit ist für den Bahnnetzversuch, bei welchem der Myxomycet ein ganzes Bahnnetz planen soll, essentiell.

Erstmals durchgeführt wurde das Experiment von dem Wissenschaftler und Biophysiker Atsushi Tero* und seinem Team von der Hokkaido Universität im japanischen Sapporo im Januar 2010.[25] Bedauerlicherweise ist für diesen Versuch ein Schleimpilz mit einer Mindestgröße von etwa 500 cm² erforderlich; ein nur unter Laborbedingungen erzeug-

---

[24] Aus „Als wären sie nicht von dieser Welt", 3sat, 01.11.2011, 11:05 Uhr
[25] Vgl. PM Magazin (Hans-Hermann Sprado 07/2010), S. 84

barer Organismus. Hat der Myxomycet eine geringere Größe, so muss der Abstand zwischen zwei Futterquellen verringert werden und der Schleimpilz kann diese nur noch als eine einzige Nahrungsquelle wahrnehmen. Da Physarum Polycephalum im Rahmen der vorliegenden Seminararbeit nicht unter Laborbedingungen gehalten wurde, war es nicht möglich, den Bahnnetzversuch nachzukonstruieren. Er wird auf Grundlage eines Artikels aus dem PM Magazin vom Juli 2010 theoretisch erläutert.

4.2.1 Durchführung des Experiments

<u>Versuchsaufbau:</u>

Damit Physarum Polycephalum das Verkehrsnetz rund um Tokio nachbilden kann, muss zunächst die Umgebung maßstabsgetreu abgebildet werden. 36 Städte aus der Umgebung Tokios werden abhängig von ihrer Einwohnerzahl mit Hilfe von Haferflockenhäufchen dargestellt. Je größer eine Stadt, desto mehr Haferflocken. Tokio als größte Stadt wird beispielsweise mit einem Häufchen von 36 Haferflocken dargestellt. Gebiete, die Ingenieure bei der Planung eines Verkehrsnetzes umgehen müssen, wie beispielsweise Gebirge oder Wasservorkommen, werden für den Schleimpilz ersichtlich mit glatter Plastikfolie dargestellt.

<u>Durchführung:</u>

Nun setzt man Physarum Polycephalum auf das größte Haferflockenhäufchen der nachgebildeten Küste Japans: Tokio. Anschließend breitet sich der Organismus innerhalb von 26 Stunden über das gesamte Modell aus und verbindet die einzelnen Futterquellen durch dicke Adern (siehe Abb. 23). [26]

Der Vergleich mit dem Originalnetz lässt sowohl Gemeinsamkeiten als auch Unterschiede erkennen (siehe Abb. 24).

---

[26] Vgl. PM Magazin (Hans-Hermann Sprado 07/2010), S. 84-89

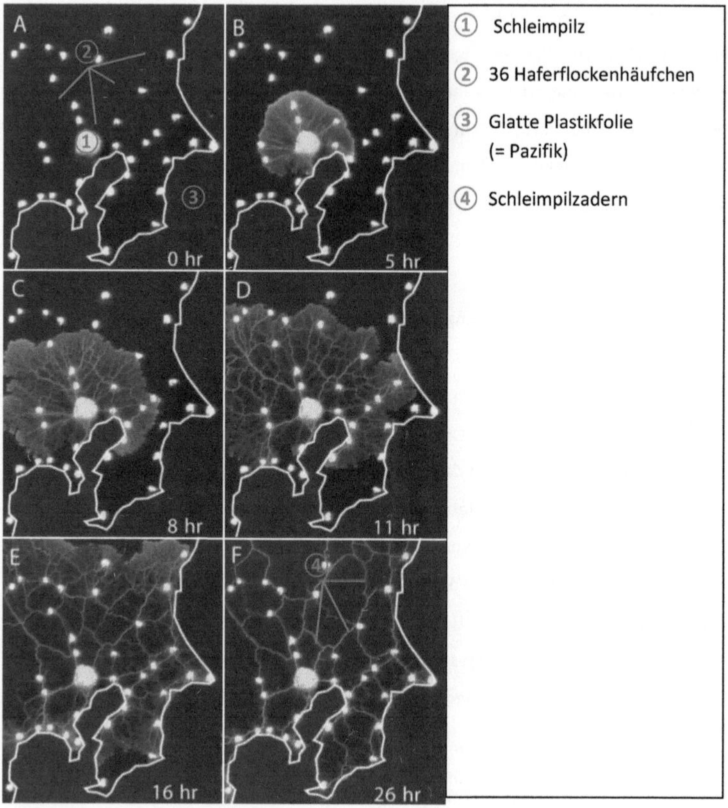

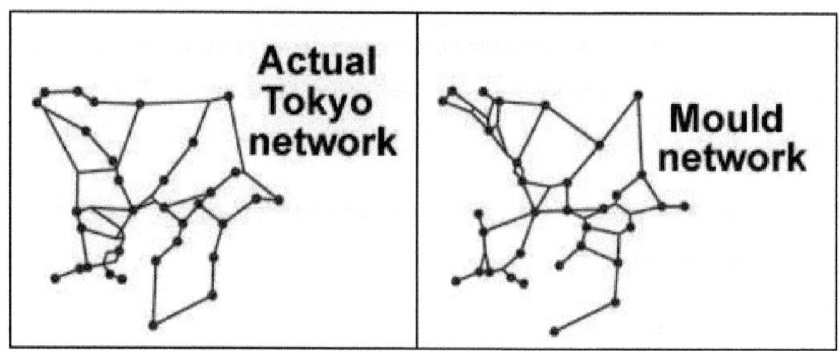

Abb. 23: Physarum Polycephalum verbindet die Haferflockenhäufchen binnen 26 Stunden

Abb. 24: Das tatsächliche Verkehrsnetz (links) und die Nachbildung des Schleimpilzes im Vergleich

4.2.2   Auswertung und Deutung des Ergebnisses

Das von Physarum Polycephalum geknüpfte Netz überrascht: Es ist dem Original zwar relativ ähnlich, im Gegensatz zu diesem aber fehlertolerant. Das bedeutet, dass im Falle einer Störung problemlos auf eine andere Verbindung zurückgegriffen werden könnte. Ausfälle in einem solchen Zugsystem wären nahezu unmöglich.

Die Verbindungen zwischen großen Haferflockenhäufchen sind dicker als die zwischen kleinen, manchmal sogar doppelt. Und doch ist keine einzelne Verbindung umständlich oder unnütz. Es scheint ein perfekt durchdachtes System zu sein, welches weder die Verschwendung noch die Überlastung einer Ader in Kauf nimmt.[27]

„Warum werden exakt an den wichtigen Stellen zwei Adern gebildet? Warum weiß das System genau, wo diese Redundanz erforderlich ist, um lebensfähig zu bleiben?"[28] Diese Fragen konnte bisher noch niemand beantworten. Atsushi Tero und sein Team gehen davon aus, dass der Schleimpilz mit den die Haferflocken verbindenden Adern eine optimale Verteilung der Nährstoffe in seinem Körper ermöglicht.[29] Unverzichtbar ist diese Art von Verbindungen für die Nahrungssuche allerdings nicht. Deshalb ist auch nicht belegbar, dass es sich bei diesem Talent tatsächlich um Intelligenz handelt: Die Forscher wissen nicht, warum der Myxomycet effizient einwandfreie Netze bildet. Wenn der Schleimpilz die Verbindungen nicht braucht, könnten sie auch in gewisser Weise „automatisch" entstehen, also ohne das Zutun des Einzellers.

Die Frage nach der Entstehung der Netze zurückstellend wendet sich das japanische Forscherteam der Umsetzung der gewonnenen Erkenntnisse zu. Die Forscher versuchen die Verbindungen des Myxomyceten in mathematische Formeln zu übersetzen um so beispielsweise Roboter nach dem Schema der Schleimpilze bewegen zu können. Alle Arten von Netzwerken könnten mit Hilfe der Schleimpilznetze unter minimalem Aufwand optimiert werden. „Ein Leben ohne Blackouts und verlorene Computerdaten"[30], das ist es was die Forscher mit Hilfe des Schleimpilzes erreichen wollen.[31]

---

[27] Vgl. PM Magazin (Hans-Hermann Sprado 07/2010), S. 86-87

[28] Ebd. S. 88

[29] Vgl. http://www.spiegel.de/wissenschaft/natur/0,1518,673295,00.html (Stand: 14.10.2011)

[30] PM Magazin (Hans-Hermann Sprado 07/2010), S. 89

[31] Vgl. ebd. S.86-89

5. Bedeutung des Schleimpilzes für die Biologie

Der Schleimpilz, ein rätselhafter und im Pflanzenreich einzigartiger Organismus, beantwortet kaum mehr Fragen als er aufwirft. Sein Lebenswandel ist höchst komplex, denn eigentlich befindet er sich in jeder Lebensphase nur im Übergang von einem Erscheinungsbild zum Nächsten. Weder in der Nahrungskette noch in biologischen Stammbäumen scheint seine Rolle bemerkenswert zu sein. Dies könnte ein Grund für die lang andauernde und immer noch weit verbreitete Unkenntnis über seine bloße Existenz sein.

Eines ist jedoch sicher: Die Fähigkeit des Myxomyceten, Verbindungen so effizient und fehlerfrei zu knüpfen, wie kein Mensch dazu im Stande wäre, ist nicht nur für die Biologie von großer Bedeutung. Ob man dieses Talent als Intelligenz bezeichnen kann sei dahingestellt. Schließlich ist es Wissenschaftlern bis heute ein Rätsel, wie und warum der Schleimpilz ein perfekt durchdachtes Verkehrsnetz erzeugen kann; bemerkenswert ist es allemal. Der Versuch, die Verbindungen der Amöbe in mathematische Formeln zu übersetzen, könnte eine große Hilfe für die Planung von Netzwerken der Zukunft sein. Dass dadurch die Rätsel, die das Lebewesen Schleimpilz aufwirft, erklärbar werden ist dahingegen eher unwahrscheinlich.

Somit führt der Schleimpilz uns modernen Menschen ein Phänomen vor Augen, das wir in unserer hochtechnisierten Welt fast vergessen hätten: die Einzigartigkeit und Unberechenbarkeit der Natur, der Biologie, der Evolution. Trotz des ständigen Wandels der Technik und der Modernisierung unserer Welt, der Welt der „Krone der Schöpfung", sind wir nicht das einzige Wunder, das auf diesem Planeten entstand. Und auch wenn wir uns seit den über 200.000 Jahren, die wir Menschen nun schon existieren, immer mehr von der Natur losgesagt haben, zeigt uns ein kleiner Mikroorganismus den Wert und die Einzigartigkeit der Erde die wir haben, die wir zerstören.

Mit Sicherheit ist das Wunder Schleimpilz nur eines unter unzählig vielen, das dem Menschen bisher verborgen bleib. Und so wird Planck am Ende wohl Recht behalten, und der hochtechnisierte Mensch wird der Natur gegenüber „immer das sich wundernde Kind bleiben".

6. Anhang

6.1 Abbildungen

Sämtliche Fotografien, Skizzen und Diagramme bis auf die hier Aufgeführten wurden eigens angefertigt und sind (sowie weiteres Zusatzmaterial) auf der beigelegten CD in digitaler Form zu finden.

Abb.6: Physarum Polycephalum im Sklerotienstadium

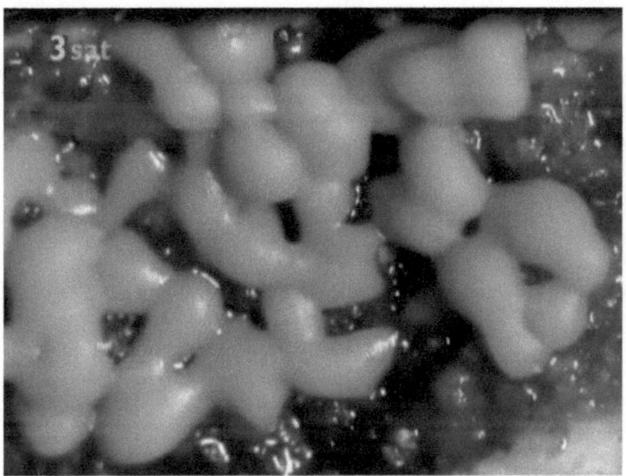

Quelle: Video „Als wären sie nicht von dieser Welt", 3sat, 01.11.2011, 11:05 Uhr

Abb. 14: Die drei natürlichen Todesursachen von Schleimpilzen: Nagetiere oder Insekten im Sklerotienstadium, Schimmelpilze und schwere Regentropfen

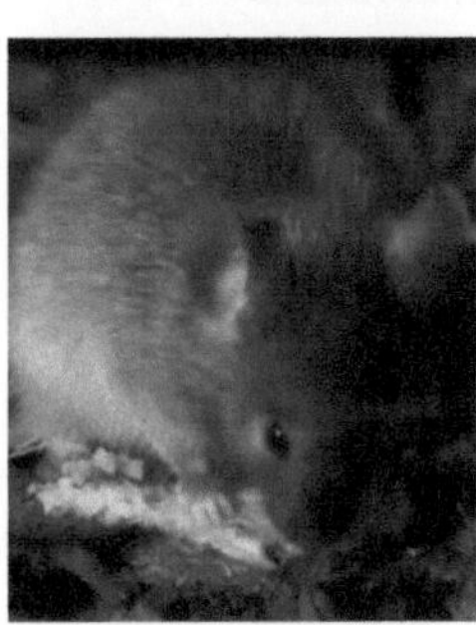

Quelle: Video „Als wären sie nicht von dieser Welt", 3sat, 01.11.2011, 11:05 Uhr

Quelle: http://upload.wikimedia.org /wikipedia/commons/1/1f/Raindrop_on_ a_fern_frond.jpg (Stand: 03.09.2011)

Abb. 23: Physarum Polycephalum verbindet die Haferflockenhäufchen binnen 26 Stunden

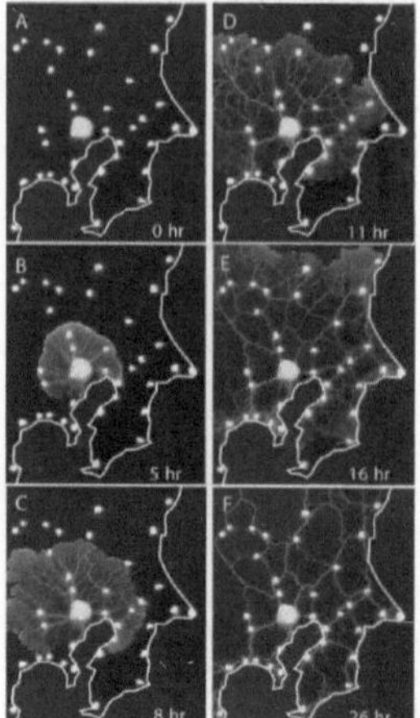

Quelle: http://www.spiegel.de/wissenschaft/natur/0,1518,673295,00.html (Stand: 13.07.2011)

Abb. 24: Das tatsächliche Verkehrsnetz (links) und die Nachbildung des Schleimpilzes im Vergleich

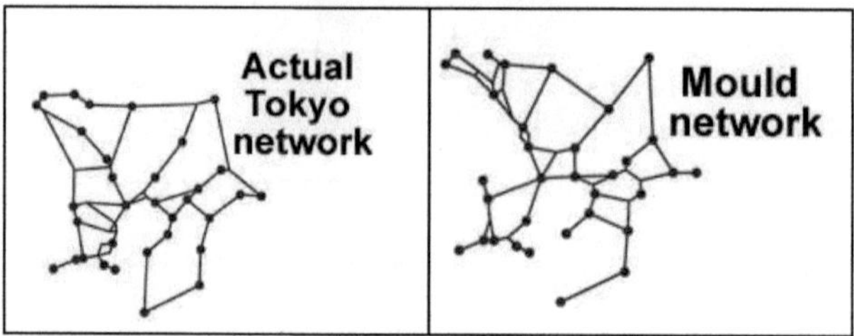

Quelle: http://scienceblogs.com/notrocketscience/2010/01/slime_mould_attacks_simulates_
tokyo_rail_network.php (Stand: 27.10.2011)

6.2 Glossar

6.2.1 Stichwortverzeichnis[32]

Alle in den Erläuterungen vorkommenden und für deren Verständnis notwendigen Fachbegriffe wurden als solche gewertet und wieder erklärt.

Amöbe, die	„[von amöb-], Sammelbezeichnung für 2 Ordnungen der Wurzelfüßler, die Nacktamöben oder Wechseltierchen (Amoebina) und Schalenamöben (Tetacea)."
Cytoplasma, das	„[von cyto-, griech. plasma = das Geformte], *Zytoplasma, Zellplasma* der gesamte, bei Eucyten den Zellkern umgebende Bereich einer Zelle, der von der Zellmembran (bei Pflanzenzellen noch zusätzlich von der Zellwand) umgeben ist, also das gesamte Protoplasma ohne Zellkern."
Cytoskelett, das	„das Zellskelett."
Diploidie, die	„[von diplo; Adjektiv *diploid*], *Disomie*, Bezeichnung für das Stadium im Lebenszyklus von Organismen, das durch das Vorhandensein von zwei homologen (mütterlichen und väterlichen) Chromosomensätzen [...] in den Zellen gekennzeichnet ist [...]."
Einzeller, der	„1) i.w.S. (und umgangssprachsprachlich) Sammelbezeichnung für alle aus nur einer Zelle bestehenden eukaryotischen und prokaryotischen Organismen (also auch die Bakterien); 2) i.e.S. (und fachwissenschaftlich) die *Einzelligen Eucaryota*, die ursprünglichen Eukaryoten."
Eucyte, die	„[von eu-, griech. kytos = Hohlraum, Zelle], *Euzyte*, sprachlich korrekte Bezeichnung *Eucyt*, der Zelltyp der *Eukaryoten*, ein von einer Plasmamembran umgebener Zelleib, in dessen Grundsubstanz verschiedene Membransysteme[...] eingebettet sind."
Eukaryot, der	„[von eu-, griech. karyon = Nußkern], *Eucaryoten, Eukaryonten, Eukaryota,* international zunehmend als Domäne Eukarya [...] benannt, Organismen, die durch den Besitz eines echten, membranumgebenen Zellkerns [...] charakterisiert sind."
Fusion, die	„[von latein. Fusio = Guß, Verschmelzung; Verb: *fusionieren*], [...] *Kernfusion*: Verschmelzung zweier oder mehrerer Zellkerne [...], *Zellfusion*: natürliches oder künstlich eingeleitetes Verschmelzen von mindestens 2 Zellen"
Haploidie, die	„[von haplo-; Adj. *haploid*], Bezeichnung für das Stadium im Lebenszyklus von Organismen, das durch das Vorhandensein von nur 1 Chromosomensatz in den Zellen gekennzeichnet ist."
Membran, die	„[von membran-], 1) Chemie: Trennwand in Gefäßen für die Osmose. [...] 2) allgemeine Biologie: dünnes Häutchen mit abgren-

---

[32] Alle nicht weiter gekennzeichneten Erläuterungen wurden entnommen: „Lexikon der Biologie" Spektrum Akademischer Verlag (1999-2004) in 15 Bänden

zender oder trennender Funktion [...] 3) Zellbiologie: *Zellmembran, Biomembran, Einheitsmembran*, integraler Bestandteil aller Zellen von Prokaryoten und Eukaryoten. Biologische Membranen sind hochselektive Permeabilitätsschranken [...], die geschlossene Kompartimente – ganze Zellen oder Organellen – aufbauen."

Nacktamöbe, die — *"Wechseltierchen, Amoebina,* Ordnung der Wurzelfüßler ohne feste Körpergestalt, oft aber mit Polarität, und ohne Gehäuse oder Schale."

Nivicol — „an schmelzendem Schnee wachsend"[33]

Osmose, die — „[von osmo-; Adj. *osmotisch*], die Diffusion von Molekülen eines Lösungsmittels (Lösung) durch eine *semipermeable Membran* aufgrund des Konzentrationsunterschieds der gelösten Substanzen beiderseits der Membran."

Phänotyp, der — „Der Phänotyp schließt alle inneren und äußeren Strukturen und Funktionen ein. Im Laufe der individuellen Entwicklung kann sich der Phänotyp eines Organismus ändern. Zwar sind die äußeren Merkmale eines Organismus durch seine genetischen Informationen festgelegt (Genotyp), der Phänotyp ist jedoch davon abhängig, welche Gene tatsächlich ausgeprägt werden (Expression)."[34]

Prokaryot, der — „[von pro-, griech. karyon = Kern], *Prokaryonten, Prokaryota, Prokaryotae, Monera,* Bezeichnung für Mikroorganismen [...]. Hauptmerkmal ist das Fehlen eines echten, von einer Membran umschlossenen Zellkerns [...]. Die ringförmige DANN liegt frei im Cytoplasma."

Plasma, das — „[von plasma-; Adj. *plasmatisch*] 1) allgemein: „lebende Substanz" in Zellen bzw. Zellorganellen, z.B. Cytoplasma, Ektoplasma, Endoplasma, Keimplasma, Protoplasma; 2) das Blutplasma."

Plasmamembran, die — „Membran."

Protist, der — „a) In der ursprünglichen Definition [...] Sammelbezeichnung für solche einzelligen Organismen, „welche weder dem Thier- noch dem Pflanzenreiche mit voller Sicherheit und ohne Widerspruch zugerechnet werden können". b) Sammelbezeichnung für alle einzelligen Eukaryoten: Protozoen* und Protophyten."

Protophyt, der — „[von proto-, griech. phyton = Pflanze], *Protophyta*, sehr uneinheitlich gebrauchte Bezeichnung für die einfachsten Organisationsstufen pflanzlichen Lebens ohne jegliche systematische Bedeutung. In der Regel werden damit alle einzelligen Formen der Algen und Pilze zusammengefaßt, etwa die begeißelten Flagellaten oder die aus vielkernigen nackten Plasmamassen bestehenden Plasmodien der Schleimpilze."

---

[33] http://www.giftpilze.ch/pilzlexikon/botanik_und_botanische_begriffe_botanische_adjektive_wortstaemme.pdf (Stand: 10.10.2011)

[34] http://www.biosicherheit.de/lexikon/658.phaenotyp.html (Stand:01.10.2011)

Protoplasma, das	„[von proto-, griech. plasma = Gebilde], *Plasma*, veraltete und zum Teil uneinheitlich gebrauchte Bezeichnung […] für den gesamten Inhalt einer Zelle, der bei Pflanzen und Tieren weiter in Zellkern und Cytoplasma differenziert ist."
Protozoen	
Semipermeabilität, die	„[von semi-, Permeabilität], „Halbdurchlässigkeit", Bezeichnung für die Eigenschaft von Biomembranen, kleine hydrophile Moleküle frei passieren zu lassen, wohingegen die Diffusion größerer Moleküle nicht möglich ist."
Zellkern	„*Kern, Nucleus, Karyon,* genetisches Steuerzentrum und größtes Organell der Zelle der Eukaryoten (Eucyte). Zu den allgemeinen Funktionen des Zellkerns gehören die Speicherung der genetischen Information (Erbinformation) in linearen DANN-Doppelsträngen (Desoxyribonucleinsäuren), die Replikation dieser DANN sowie die Synthese der verschiedenen RNA-Spezies (Ribonucleinsäuren) im Zuge der Transkription und deren Prozessierung."
Zellmembran	„Membran."
Zellskelett	„Zusammenfassende Bezeichnung für alle Proteinfilamente (Faserproteine, Skleroproteine), welche die innere Architektur des Cytoplasmas bei der Eucyte, der Zelle der Eukaryoten […] bestimmen."
Zellwand, die	„Die Zellwand nimmt eine Reihe von Funktionen wahr: Sie verleiht der Zelle Stabilität, sie determiniert ihre Form, beeinflußt ihre Entwicklung, schützt sie vor Pathogenen (Viren, Bakterien, Pilzen u.a.) und wirkt dem osmotischen Druck entgegen."[35]

---

[35] http://www.biologie.uni-hamburg.de/b-online/d26/26.htm (Stand: 01.10.2011)

6.2.2 Namensverzeichnis[36]

Bary,
Heinrich Anton de

Deutscher Mykologe und Botaniker (*1831, + 1888)

De Bary war einer der bedeutendsten Mykologen des 19. Jahrhunderts, sein Lehrbuch war für lange Zeit ein Standartwerk."

Gehring,
Walter

Schweizer Biologe (*1939)

„Professor Walter J. Gehring hat seine Doktorarbeit bei Prof. Ernst Hadorn an der Universität Zürich ausgeführt. Seine weitere Laufbahn führte ihn als Postdoktoranden an die Yale Universität in den USA. Dort wurde er 1969 zum außerordentlichen Professor für Molekulare Biophysik und Anatomie ernannt."[37]

Krieglsteiner, Dr.
Lothar

Deutscher Diplom-Biologe (*1965)

„Er studierte Biologie und widmete seine Doktorarbeit einem pilzkundlichen Thema, etwas anderes kam nie in Frage."[38]

Lister,
Artuhr

Britischer Pilzkundler (*1830, +1908)

"The Listers, father and daughter, were amateur naturalists whose work greatly influenced myxomycete taxonomy."[39]

Micheli,
Pier Antonio

Italienischer Botaniker (*1679, + 1737)

"Micheli was the first (and for a long time the only) person to attempt scientific study of fungi. He did studies "sowing" fungal spores on a medium, and showing that the same kind of fungus grew there (this in opposition to the idea of "spontaneous generation")."[40]

Nowotny,
Wolfgang

Österreichischer Botaniker (*1946)

„Ein seit der Kindheit vorhandenes botanisches Interesse erfuhr während der Berufsausbildung eine entscheidende Förderung durch Prof. A. LONSING. Im Rahmen einer Hausarbeit zur Hauptschullehrerausbildung für Biologie (damals Naturgeschichte) erfolgte eine Hinwendung zur Mykologie, bald mit einem Schwerpunkt auf holzbewohnende Pilze."

Planck,
Max

Deutscher Physiker (1858, + 1947)

„Plancks Bedeutung für die moderne Physik gründet sich aber nicht allein auf seiner Quantenhypothese, sein entschiedenes und frühes Engagement […] trug ebenfalls zu jenen Weichenstellungen bei, die im 20. Jahrhundert der Entwicklung der Physik, ja der Naturwissenschaften überhaupt die Richtung gaben."

Rostafinski,

Botaniker und Historiker (*1850, +1928)

---

[36] Alle nicht weiter gekennzeichneten Zitate wurden entnommen: „Lexikon der bedeutenden Naturwissenschaftler" (Spektrum Akademischer Verlag 2003)

[37] http://www.orden-pourlemerite.de/mitglieder/walter-gehring (Stand: 18.10.2011)

[38] http://remszeitung.de/2010/10/6/die-grosse-vielfalt-der-waldpilze-birgt-auch-gefahren---im-ausnahmeherbst-ein-gespraech-mit-experten-ueber-giftige-pilze/ (Stand: 18.10.2011)

[39] http://www.myxoweb.com/history.htm (Stand: 18.10.2011)

[40] http://www.mushroomthejournal.com/greatlakesdata/Authors/Micheli908.html (Stand: 18.10.2011)

Józef Tomasz	„Anfangs beschäftigte sich R. vor allem mit der Erforschung niederer Pflanzen sowie mit florist. Stud., die Umgebung von Warschau betreffend. Nach 1880 widmete er sich fast ausschließlich der Geschichte der Naturwiss., insbes. der Botanik."[41]
Tero, Atsushi	Japanischer Biophysiker (*1971)
	„Etwas an die Methoden antiker Auguren erinnert das, was den Japanern Toshiyuki Nakagaki, Atsushi Tero, Seiji Takagi, Tetsu Saigusa, Kentaro Ito, Kenji Yumiki, Ryo Kobayashi und den Briten Dan Bebber und Mark Fricker ihren Sieg in der Kategorie "Verkehr" einbrachte. Sie kamen zu dem Ergebnis, dass sich die optimale Route zur Verlegung von Gleisen dadurch herausfinden lässt, dass man einen Schleimpilz vorausschickt."[42]
Wehner, Prof. Dr. Rüdiger	Deutscher Biologe (*1940)
	[Wehner] studierte Biologie und Chemie an der Universität Frankfurt am Main, wo er 1967 über ein sinnesphysiologisches Thema promovierte. Nach einem Forschungsstipendium an der Yale University wurde er 1974 Ordinarius an der Universität Zürich und dort von 1986 bis 2005 Direktor des Zoologischen Instituts."[43]

---

[41] http://81.10.184.26:9001/personen_add/Rostafinski_Jozef_Tomasz.pdf (Stand: 18.10.11)
[42] http://www.heise.de/tp/artikel/33/33438/1.html (18.10.2011)
[43] http://www.koerber-stiftung.de/wissenschaft/koerber-preis-fuer-die-europaeische-wissenschaft/portraet
/search-committee-life-sciences/ruediger-wehner.html (18.10.2011)

7. Literatur- und Quellenverzeichnis

Fachliteratur und Lexika

„Lexikon der Biologie" Spektrum Akademischer Verlag (1999-2004) in 15 Bänden

„Wolfsblut und Lohblüte – Lebensformen zwischen Tier und Pflanze", Wolfgang Nowotny (Biologiezentrum des oö. Landesmuseums 2000)

„Kompaktlexikon der Biologie 3 Rept bis Z" (Spektrum Akademischer Verlag 2002)

„Lexikon der bedeutenden Naturwissenschaftler" (Spektrum Akademischer Verlag 2003)

„Lexikon der Biologie 9 Lyo bis Nau" (Spektrum Akademischer Verlag Heidelberg 2003)

„Brock Mikrobiologie" (Pearson Studium 2009)

PM-Magazin vom Juli 2010 (Hans-Hermann Sprado)

Webseiten

Alle indirekt zitierten Webseiten sind im beigelegten Heft „Internetquellen" in gedruckter Form zu finden.

http://www.schleimpilz liz.de/index.php?option=com_content&view=category &id=11 &Itemid=22& lang=de (Stand: 12.03.2011)

http://www.schleimpilz-liz.de/index.php?option=com_content&view=category&id=6& Itemid=19&lan=de (Stand: 17.03.2011)

http://www.schleimpilz-liz.de/index.php?option=com_content&view=category&id=9& Itemid=12&lang=de (Stand: 01.04.2011)

http://www.planet-wissen.de/natur_technik/mikroorganismen/schleimpilze/index.jsp (Stand: 11.06.2011)

http://www.schleimpilz-liz.de/index.php?option=com_content&view=category&id=18& Itemid=21&lang=de (Stand:25.06.2011)

http://www.spiegel.de/wissenschaft/natur/0,1518,673295,00.html (Stand: 13.07.2011)

http://www.schleimpilz-liz.de/index.php?option=com_content&view=category&id=2& Itemid=18&lang=de (Stand: 19.07.2011)

http://www.schleimpilz-liz.de/index.php?option=com_content&view=category&id=3& Itemid=15&lang=de (Stand: 01.08.2011)

http://www.schleimpilz-liz.de/index.php?option=com_content&view=category&id=4& Itemid= 16&lang=de (Stand. 02.08.2011)

http://www.zeit.de/zeit-wissen/2007/01/Schleimpilze/seite-3 (Stand: 02.08.2011)

http://www.br-online.de/bildung/databrd/my01.htm/ (Stand: 02.08.2011) http://www.schleimpilz-liz.de/index.php?option=com_content&view=category&id=5& Itemid=17&lang=de (Stand: 03.08.2011)

http://upload.wikimedia.org   /wikipedia/commons/1/1f/Raindrop_on_a_fern_frond.jpg (Stand: 03.09.2011)

http://www.biosicherheit.de/lexikon/658.phaenotyp.html (Stand: 01.10.2011)

http://www.biologie.uni-hamburg.de/b-online/d26/26.htm (Stand: 01.10.2011)

http://www.giftpilze.ch/pilzlexikon/botanik_und_botanische_begriffe_botanische_adjek tive_wort-staemme.pdf (Stand: 10.10.2011)

http://www.spiegel.de/wissenschaft/natur/0,1518,673295,00.html (Stand: 14.10.2011)

http://www.orden-pourlemerite.de/mitglieder/walter-gehring (Stand: 18.10.2011)

http://remszeitung.de/2010/10/6/die-grosse-vielfalt-der-waldpilze-birgt-auch-gefahren--im-ausnahmeherbst-ein-gespraech-mit-experten-ueber-giftige-pilze/ (Stand: 18.10.2011)

http://www.myxoweb.com/history.htm (Stand: 18.10.2011)

http://www.mushroomthejournal.com/greatlakesdata/Authors/Micheli908.html (Stand: 18.10.2011)

http://81.10.184.26:9001/personen_add/Rostafinski_Jozef_Tomasz.pdf (Stand: 18.10.11)
http://www.heise.de/tp/artikel/33/33438/1.html (18.10.2011)

http://www.koerber-stiftung.de/wissenschaft/koerber-preis-fuer-die-europaeische-wissenschaft/portraet/search-committee-life-sciences/ruediger-wehner.html (18.10.2011)

http://scienceblogs.com/notrocketscience/2010/01/slime_mould_attacks_simulates_ tokyo_rail_network.php (Stand: 27.10.2011)

Weitere Quellen

Video „Als wären sie nicht von dieser Welt", 3sat, letzte Ausstrahlung: 01.11.2011, 11:05

Uhr (Hinweis: in dieser Version nicht enthalten)